Tous nos ouvrages sont disponibles aux

**Éditions Decoopman**
Ferrières
30440 Saint-Laurent-le-Minier
Tel : +33 (0)4.67.73.90.95
web : www.decoopman.com
e.mail : livres@decoopman.com

*Olivier Lacaux*
*Jean Castanier*


I.S.B.N. 978-2-36965-209-0
Dépôt légal : 2e trimestre 2024

Ouvrages parus
aux Éditions **Decoopman**
Collection « ***Sciences & Techniques*** »

### Auto / Moto

- *Réfection d'un moteur Diesel - Y. Valleix*
- *Réparation d'un démarreur Bosch KB - Y. Valleix*
- *Anatomie de l'automobile* - F. Carlès
- *Embrayages & Feins* - R. Champly
- *Motocyclettes et side-cars* - M. Zerolo

### Chemins de fer

- *La locomotive* - U. Lamalle & F. Legein
- *La machine locomotive* – E. Sauvage
- *Les chemins de fer* – A. Guillemin
- *Locomotive & Chemin de Fer* – L. Figuier

### Électricité

- *Des électromoteurs* - T. du Moncel
- *La machine de Gramme* - A. Breguet
- *La bobine Ruhmkorff* - A. Loiseau

### Horlogerie

- *Gnomonique* - G. Bigourdan
- *Comptage du Temps* - R. Baierlein
- *Manuel d'horlogerie* - P. Foucher
- *L'horloger à l'établi* - Schulz et Kames
- *Échappements d'horloges* - Ch. Gros
- *Encliquetages* - F. Balavoine
- *Échappements à ancre* - École de Cluses
- *Guide-manuel de l'Horloger* - C. Saunier
- *Histoire de l'Horlogerie* - P. Dubois
- *L'Horloger sonneries* - C. Poncet
- *L'Horloger* - C. Poncet
- *L'art de connaître les montres* - J. Gondy
- *L'art de l'Horlogerie enseigné en trente leçons* - Anonyme
- *Les merveilles de l'Horlogerie* - Graffigny
- *L'horlogerie électrique* - G. Tobler
- *Traité d'horlogerie moderne* - C. Saunier

### Hydraulique

- *Traité d'hydraulique* - N. Boquillon
- *Machines destinées à l'élévation des eaux* - A. Morin

### Marine

- *La Marine française* - F. Roux
- *Des bateaux aux couleurs de la Gironde* - F. Jouison
- *Abécédaire des forces sous-marines* - P. Nôtre & J. L. Vichot
- *La Marine de guerre* – L. Huard
- *La Marine de guerre – A. Sauvaire-Jourdan*
- *La navigation sous-marine* – G.L. Pesce
- *Les bateaux automobiles à pétrole* - R. Champly
- *Les paquebots à grande vitesse – M. Dumoulin*
- *Les Torpilles* – E. Hennebert
- *Sous-marins & submersibles - Max Laubeuf*
- *L'Artillerie moderne (Le monde industriel)* – L. Huard

### Mécanique

- *507 Mouvements mécaniques* – H. Brown
- *760 mouvements mécaniques* - G. Vander Haeghen
- *Appareils d'obturation* - J. Gary et A. Druot
- *Des mécanismes élémentaires* - L.E. Loche
- *Engrenages & Transmissions* – G. Franche
- *Engrenages et vis sans fin* - R. Champly
- *Les Machines* – E. Collignon

Ouvrages parus
aux Éditions **Decoopman**
Collection « ***Sciences & Techniques*** »

### Mécanique (suite)

- *Les mouvements mécaniques* - M. Nicaise
- *Mécanismes des machines* - H. Leblanc
- *Notions de technologie mécanique* - P. Beauvais
- *Organes de transmission* - R. Champly
- *Organes de machines* - J. Gary et A. Druot
- *Organes auxiliaires des machines* - R. Champly
- *Traité de mécanique industrielle* - S. Flachat
- *Traité pratique des engrenages* - L. Wève
- *Transmission du mouvement* - J. Gary et A. Druot

### Métiers

- *Comment on devient forgeron* - R. Champly
- *Forges et fonderies* - G. Franche
- *La serrurerie* - H. Havard
- *Manuel du luthier* - Maugin & Maigne
- *Histoire de l'imprimerie* - P. Lacroix
- *L'art du luthier* - A. Tolbecque
- *Accordeur de pianos* - G. Huberson

### Moteurs

- *Le moteur Diesel d'automobile* - H. Petit
- *Notions sur les moteurs à explosion* - L. Lacoin
- *Le moteur deux temps* - L. Ventou-Duclaux
- *Moteurs d'aviation* - C. Martinot-Lagarde
- *Le moteur sans soupape Knight* - A. Contet
- *Les Moteurs* – H. de Graffigny
- *Les moteurs à vent* - R. Champly
- *Moteurs* - Max de Nansouty
- *Moteurs & Gazogènes* – L. Letombe

### Moteurs Stirling

- *D'Asap à Rhombic 160* - D. Lyonnet
- *Fabriquer des moteurs Stirling* - A. Ross
- *Petits moteurs Stirling pour l'amateur* – D. Lyonnet

### Vapeur

- *Le Clos Serpollet* - P. Dubarry de Lassalle
- *Catéchisme des Chauffeurs* - Collectif
- *Distribution de la vapeur* - M. Castelnau
- *Distribution de la vapeur* - A. Spineux
- *Gouvernails à vapeur* FARCOT – J. Farcot
- *Histoire de la machine à vapeur* – R.H. Thurston
- *L'A.B.C. du Chauffeur* – H. Mathieu
- *Les bateaux à vapeur* – L. Figuier
- *Les Locomobiles* – L. Figuier
- *Les machines à vapeur* - J.P. Delaby
- *La machine à vapeur* – E. Sauvage
- *La Vapeur – A. Guillemin*
- *Tiroirs et distributeurs de vapeur* – A. Madamet

Yves VALLEIX

# Réparation d'un démarreur Bosch KB

# ERRATUM

Dans l'induit, du côté de l'embrayage, il y a une bague ou un roulement suivant les cas qu'il faut absolument vérifier ou changer.

La dépose de cette bague ou de ce roulement nécessite un outillage spécifique, par exemple un extracteur du genre FACOM U49PJ3 et un mandrin de pose confectionné au tour. Mesurer la cote de profondeur de la bague ou du roulement avant sa dépose.

Je regrette cet oubli et je vous prie de m'en excuser.

Yves VALLEIX

- Références du démarreur frappées sur la carcasse.

- Déposer les deux écrous qui maintiennent le capot du démarreur.

- Vue arrière du démarreur.

- Vue arrière droite du démarreur.
- Il est judicieux de repérer les fils.

- Vue arrière gauche du démarreur.
- Il est judicieux de repérer les fils.

- En l'absence de repère.
- Repérer la position du nez du démarreur par rapport à la carcasse.
- Un coup de pointeau.

- En l'absence de repères.
- Repérer le palier arrière par rapport à la carcasse du démarreur.

- Déconnecter les fils de l'enroulement secondaire de l'inverseur.

- L'enroulement secondaire est connecté en série dans le premier temps et ensuite en parallèle dans le deuxième temps.

  - Rappel :
    - $1^{er}$ temps : engrènement.
    - $2^{e}$ temps : entraînement de puissance.

- Déconnecter les fils de l'enroulement de :
  - Maintien,
  - D'attraction.

- Il est judicieux de repérer la position des fils.

- On reconnaît les fils à leur grosseur.

- Déconnecter les fils de l'enroulement de :
  - Maintien,
  - D'attraction.

- Il est judicieux de repérer la position des fils.

- On reconnaît les fils à leur grosseur.

- Avec un fer chaud et mouillé d'une goutte d'étain, dessouder les fils d'alimentation du solénoïde de maintien et du contacteur de puissance.

- Déposer les vis rallonges qui maintiennent le solénoïde.

- Déposer le solénoïde

- Vue arrière du démarreur solénoïde déposé.

- Déconnecter les inducteurs du côté gauche.

- Déconnecter les inducteurs du côté droit

- Déconnecter l'alimentation sur le relais de puissance.

- Déposer les vis qui maintiennent le contacteur de puissance.

- Déposer le contacteur de puissance.

- Avec de la baguette de soudure, confectionner un crochet.

- Avec le crochet, tirer les ressorts et dégager les balais.

- Coincer les balais avec les ressorts.

- Dégager le palier arrière.
- Regarder à l'intérieur s'il y a des projections d'étain fondu.
- La présence d'étain fondu indique une dessoudure de l'induit.

- Vue arrière du démarreur palier arrière déposé.

- Désassembler le nez de la carcasse par de légers coups de marteau.

- L'induit, le nez et le pignon coulissant du démarreur

- La carcasse avec les inducteurs et les masses polaires.

- Mégohmmètres pour mesurer l'isolement des bobinages.

- Position des touches du mégohmmètre pour mesurer l'isolement des inducteurs.

  - L'isolation est correcte pour une valeur de 1 000 Ohms par volt, soit 28 000 Ω pour 28 volts
  - A 30 000 Ω les inducteurs sont considérés comme isolés de la carcasse et des masses polaires.

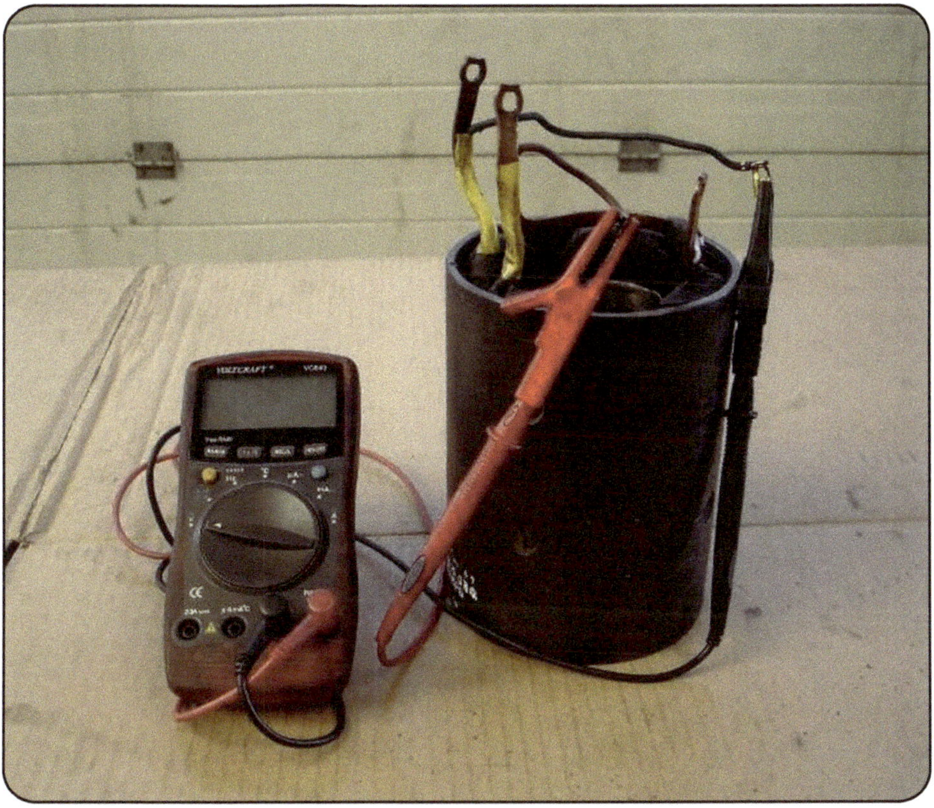

- Mesurer la résistance de l'inducteur secondaire.
  - Si l'inducteur secondaire est coupé ou en court-circuit, il faut changer l'ensemble des inducteurs.

- Si les inducteurs ne sont pas isolés de la carcasse et des masses polaires, il faut les déposer pour refaire l'isolation ou les changer.
    - Dans ce cas il faut repérer les masses polaires.
    - Il faut repérer leur emplacement et leur position.
    - Un coup de pointeau sur la masse polaire et un coup de pointeau sur la carcasse pour la première masse polaire.
    - Faire de même pour la deuxième masse polaire avec deux coups de pointeau.
- Ne faire le repérage qu'en absence de repères déjà existants.

- Pour desserrer les vis des masses polaires, enfiler la carcasse sur un rond de 60 mm.

- Utiliser une presse ou un tournevis à frapper pour desserrer les vis.

    - Ne pas appuyer directement sur la carcasse, elle s'ovaliserait sous la pression ou sous les chocs du tournevis à frapper.
    - L'entrefer entre les masses polaires et l'induit est de 0,5 mm

- Déposer les écrous qui maintiennent le pignon coulissant.

- Retirer le pignon et récupérer la clavette.
- Contrôler l'état des dents du pignon.

- Retirer la tige du pignon coulissant.

- Dégager le nez de l'induit par de légers coups de marteau.

- Récupérer la bague en bronze de butée d'induit.

- Rechercher sur l'axe les rayures ou les arrachements de métal qui indiqueraient une usure du roulement de nez du démarreur.

- Contrôler le roulement de nez du démarreur.

- Avant d'enlever les vis du carter d'embrayage, repérer les deux parties du carter.
- Vérifier l'état des disques de l'embrayage.
    - De la limaille à l'intérieur du carter est une preuve d'usure du système d'embrayage.

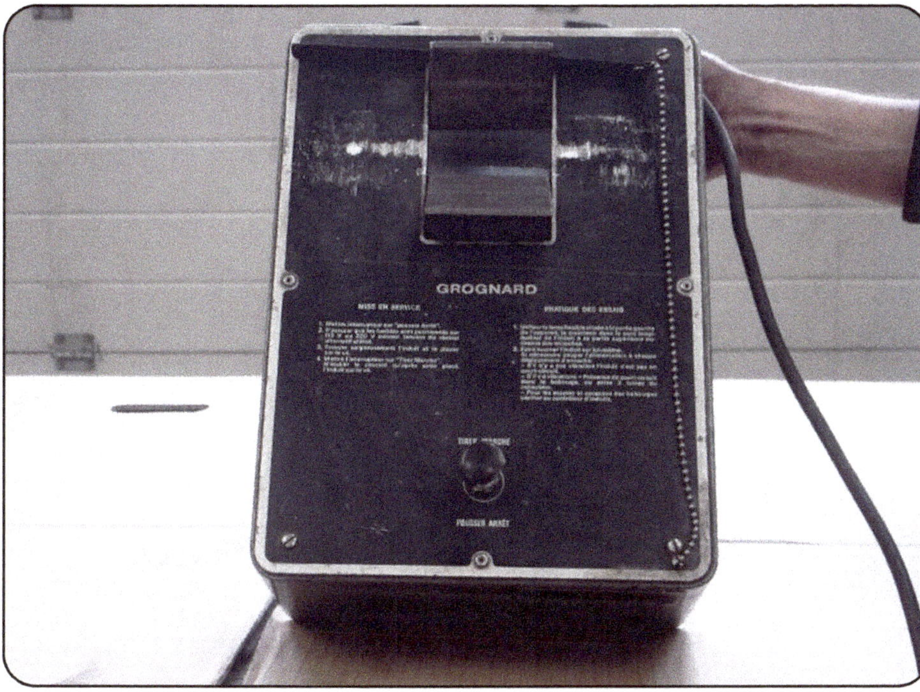


- Le contrôleur d'induit, appelé aussi *grognard*, est un appareil électrique qui permet de contrôler le court-circuit et la coupure d'un induit.

- Contrôle de l'isolement de l'induit avec le mégohmmètre.

- Contrôle de l'absence de court-circuit avec le grognard.
  - La lamelle de métal ne doit pas vibrer.

- Contrôle de l'absence de coupure.
- Placer sur le collecteur de l'induit un collier à durit.
    - L'induit est ainsi en court-circuit.
- Ne pas insister car l'induit chauffe.
    - La lamelle doit vibrer sur l'ensemble du pourtour de l'induit.
    - Si la lamelle ne vibre pas, suivre l'induit et refaire les soudures sur le collecteur.

- Nettoyage du collecteur.
- Prendre un ruban de papier de verre de 150 et casser le grain contre l'enclume de l'étau.

- Il est possible de tourner le collecteur. Dans ce cas un diamètre minimal est à respecter.
- Dans le cas contraire, utiliser du papier de verre et poncer le collecteur.

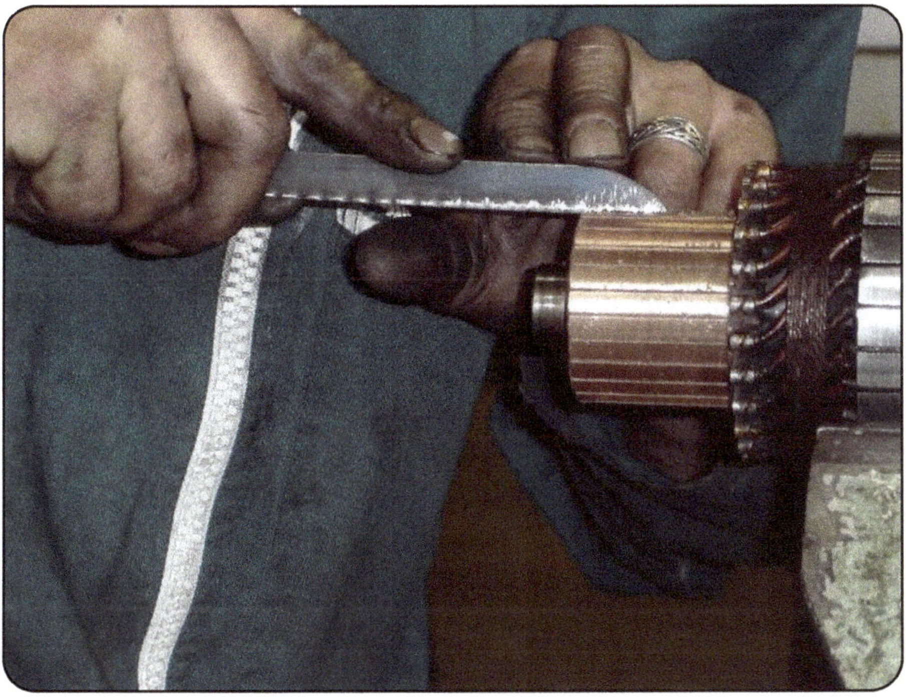

- Nettoyage des interlamelles du collecteur.
- Avec une lame de scie à métaux dont on aura enlevé la voie par meulage nettoyer les interlamelles.
    - Profondeur minimale de 0,5 mm.

. **Nota : la lame de scie doit tirer la poussière.**

- Serrer un bout de bois dur dans l'étau et frapper l'induit dessus.
  - Le collecteur ne doit pas toucher le bois.
- La poussière tombera.
  - Ne pas souffler.

- Vue côté collecteur de l'induit.
- Contrôler l'état des soudures.

- Vérifier à nouveau l'induit au grognard après le nettoyage du collecteur.

- Vérifier le jeu de la bague du palier arrière. La changer si nécessaire.

- Mesure de la résistance du bobinage de puissance.
    - Il n'est pas possible de contrôler l'isolement de cet enroulement puisqu'il est connecté à la masse.

- Contrôle de la résistance et de la continuité du bobinage de l'enroulement d'attraction (gros fil) du solénoïde.

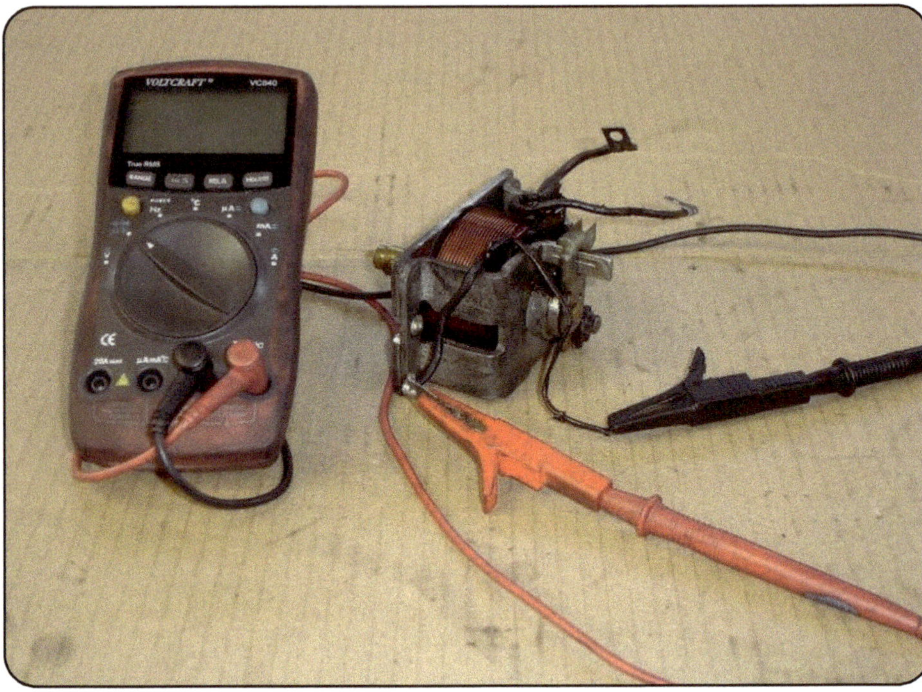


- Contrôle de la continuité et de la résistance de l'enroulement de maintien (fil fin) du solénoïde.

- Avec le mégohmmètre.
  - Contrôle de l'isolement de l'enroulement de maintien (fil fin).

- Avec le mégohmmètre.
  - Mesure de l'isolement de l'enroulement d'attraction (fil gros) du solénoïde.

- Essuyer l'embrayage.

. **Ne pas le nettoyer dans un solvant.**

- Insérer l'embrayage dans son carter.

- Monter le carter d'embrayage en faisant coïncider les repères.

- Vérifier le roulement de la tige.

- Graisser le roulement de tige.

- Graisser le roulement de nez du démarreur.

- Monter le nez sur l'induit.

- Graisser légèrement l'axe du pignon.
- Monter le pignon coulissant et sa clavette.

- Pousser la tige avec un tournevis et mettre les écrous du pignon coulissant.

- Serrer les écrous du pignon coulissant.

- Monter le nez dans la carcasse en faisant coïncider les repères.

- Graisser légèrement la bague.
- Monter le palier arrière en faisant coïncider les repères.

- Après le serrage des quatre tirants, vérifier la rotation de l'induit.

- Monter le contacteur de puissance et le solénoïde.

- Changer les balais si leur longueur est inférieure à 2/3 de la longueur d'un balai neuf

- Les balais ci-dessus sont à changer

Pour commander sur internet
GOMES
balais-charbon.fr

- Monter les balais.
- Connecter les inducteurs, les fils du solénoïde et du contacteur de puissance.

- Monter les balais.
- Connecter les inducteurs, les fils du solénoïde et du contacteur de puissance.

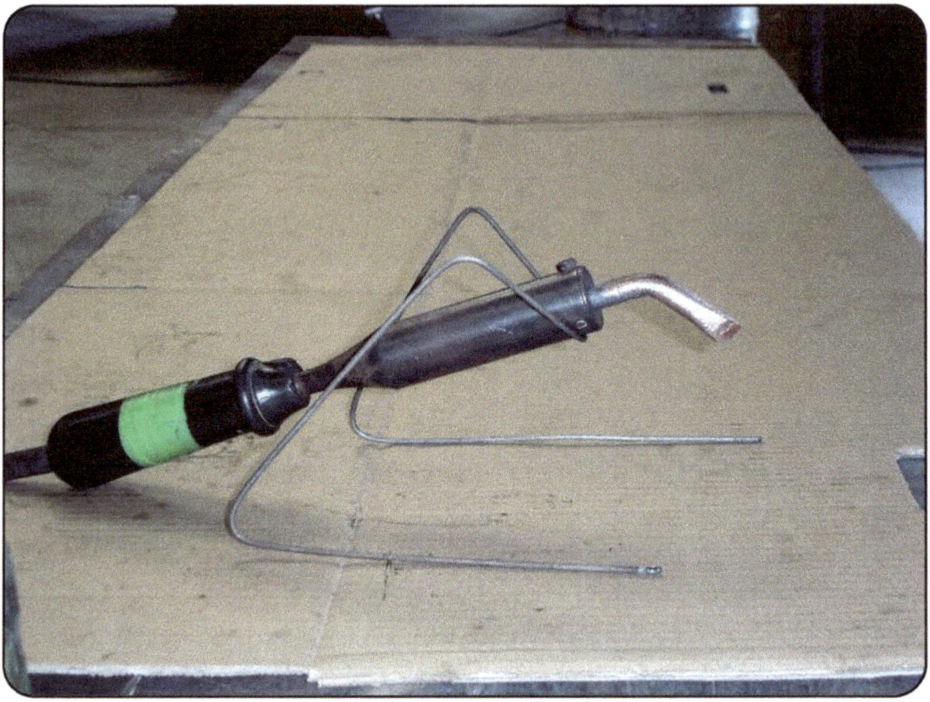

- Nettoyer la panne du fer à souder et le mettre à chauffer.

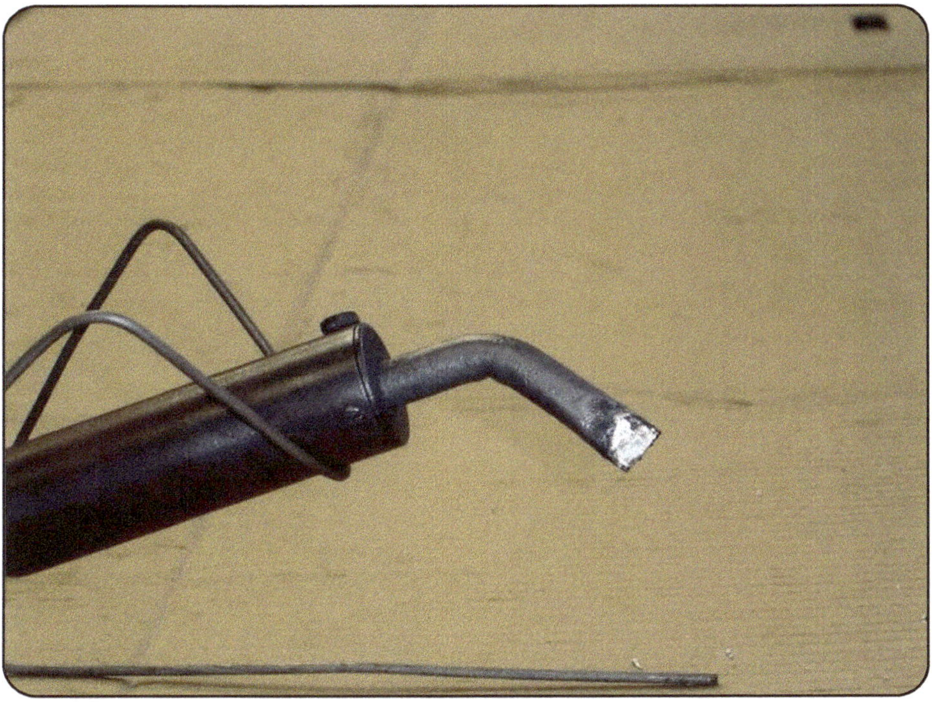

- Étamer la panne du fer à souder.

- Enlever le vernis sur les fils du contacteur de puissance et du solénoïde.

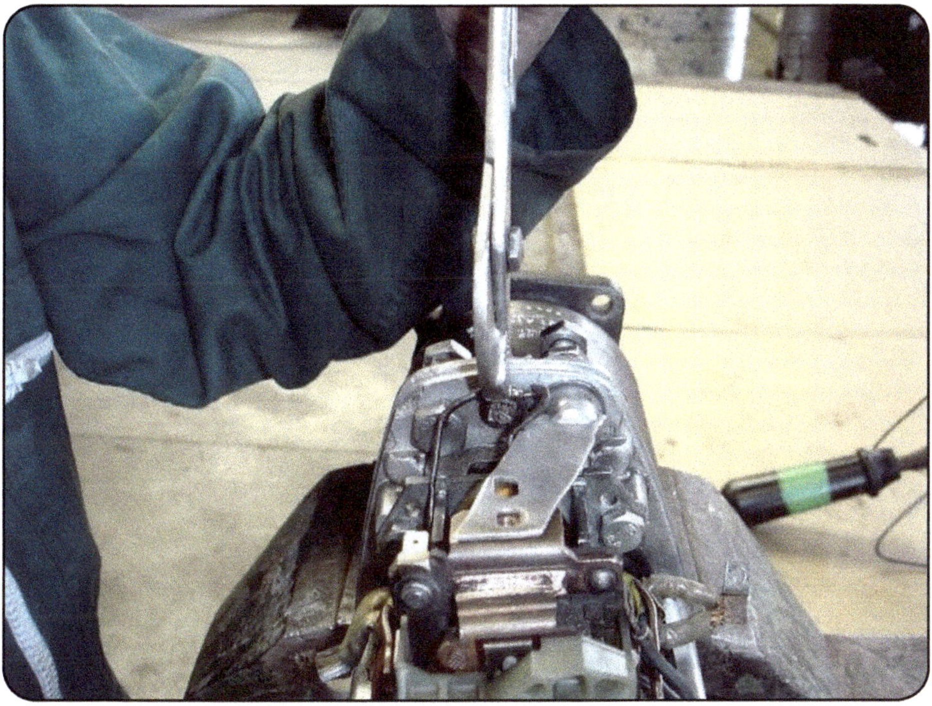

- Sertir les fils sur la cosse de commande.

- Souder les fils sur la cosse.

- Connecter les fils d'essais au démarreur.

- Connecter le démarreur en 12 Volts.
- Exciter la commande.
- Aider le solénoïde.
- Le démarreur est dans sa phase d'engrènement.
- La position d'engrènement doit être maintenue sans aide.

- Le démarreur toujours connecté en 12 Volts.
- La commande toujours excitée, aider le contacteur de puissance.
- Le démarreur doit commuter en puissance et tourner lentement.

- Serrer le démarreur dans l'étau car il a un fort couple au démarrage.
- Connecter le démarreur en 24 Volts.
- Exciter la commande et vérifier le fonctionnement du démarreur.

- Monter le capot arrière.
- Sur la carcasse, frapper vos initiales et la date de réparation.
- Ces marques feront office de la date de garantie.
- Une couche de peinture finira le travail.

# Schémas électriques

## Nomenclature des schémas électriques

- **A** : solénoïde d'appel
- **M** : solénoïde de maintien
- **CP** : solénoïde de Puissance
- **C** : cliquet d'interdiction
- **P** : inducteur parallèle (fil fin)
- **S** : inducteur série (barreau de cuivre)

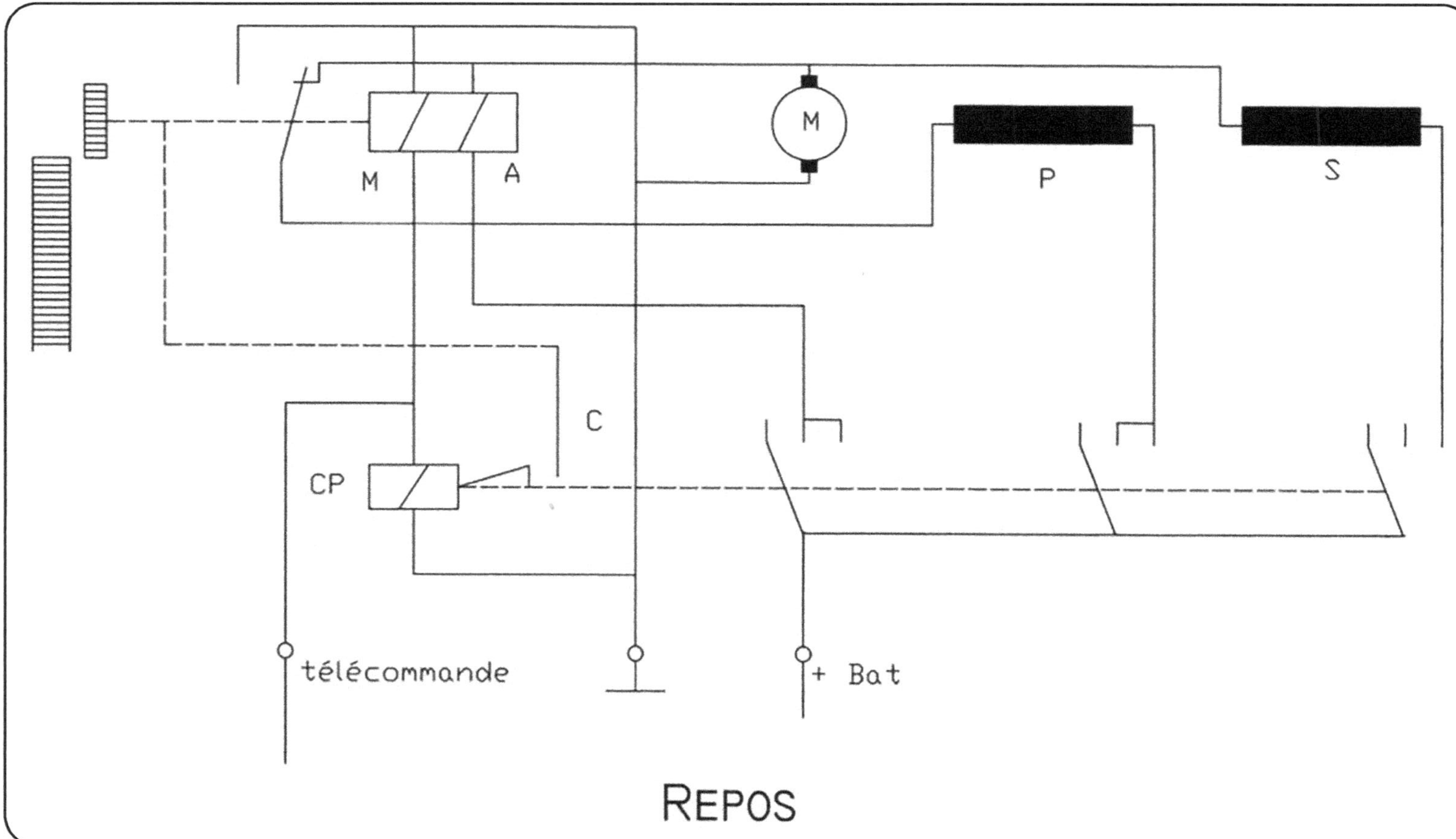
M
M
A
P
S
C
CP
télécommande
+ Bat
REPOS

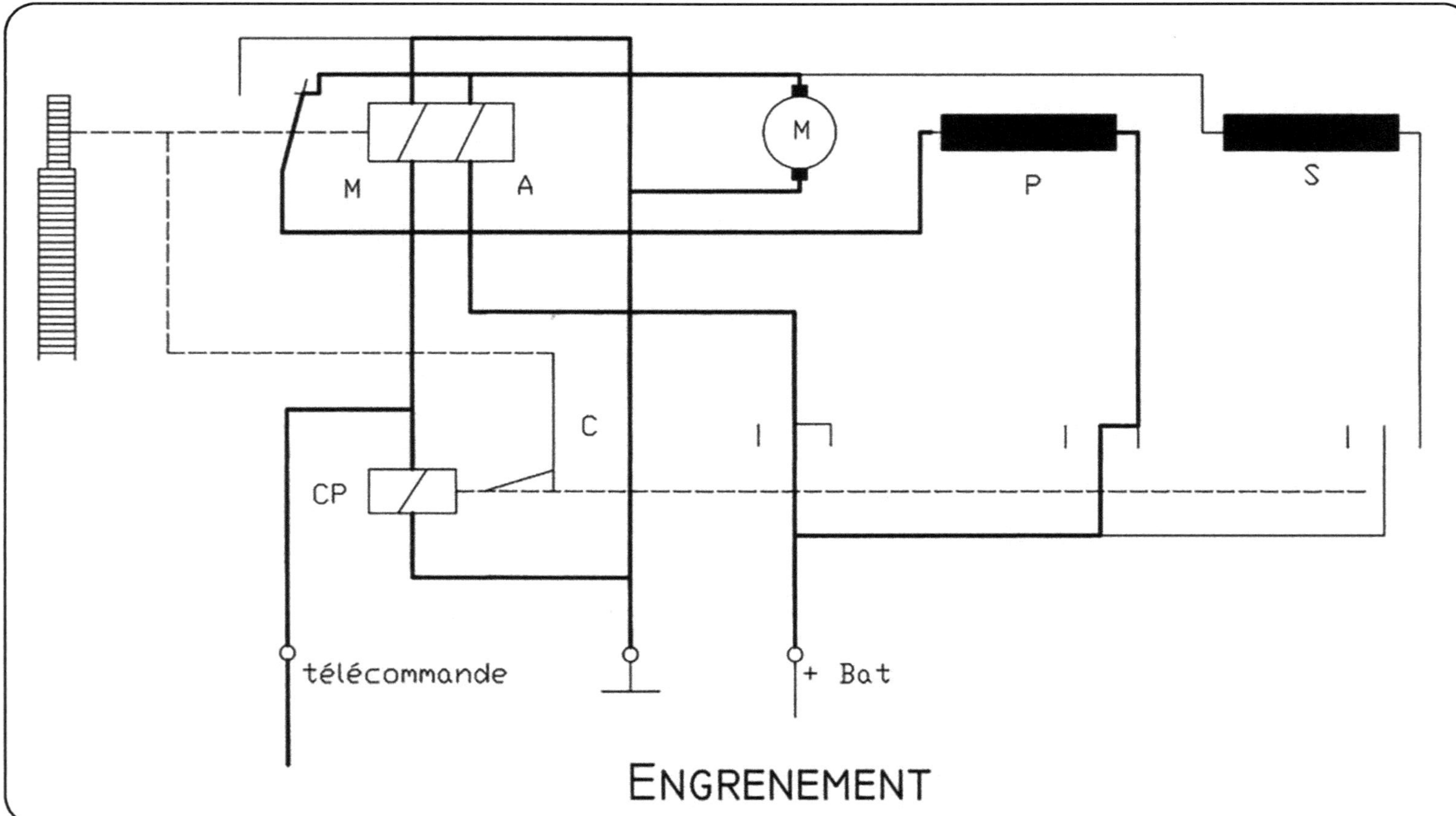
M
A
M
P
S
C
CP
télécommande
+ Bat
ENGRENEMENT

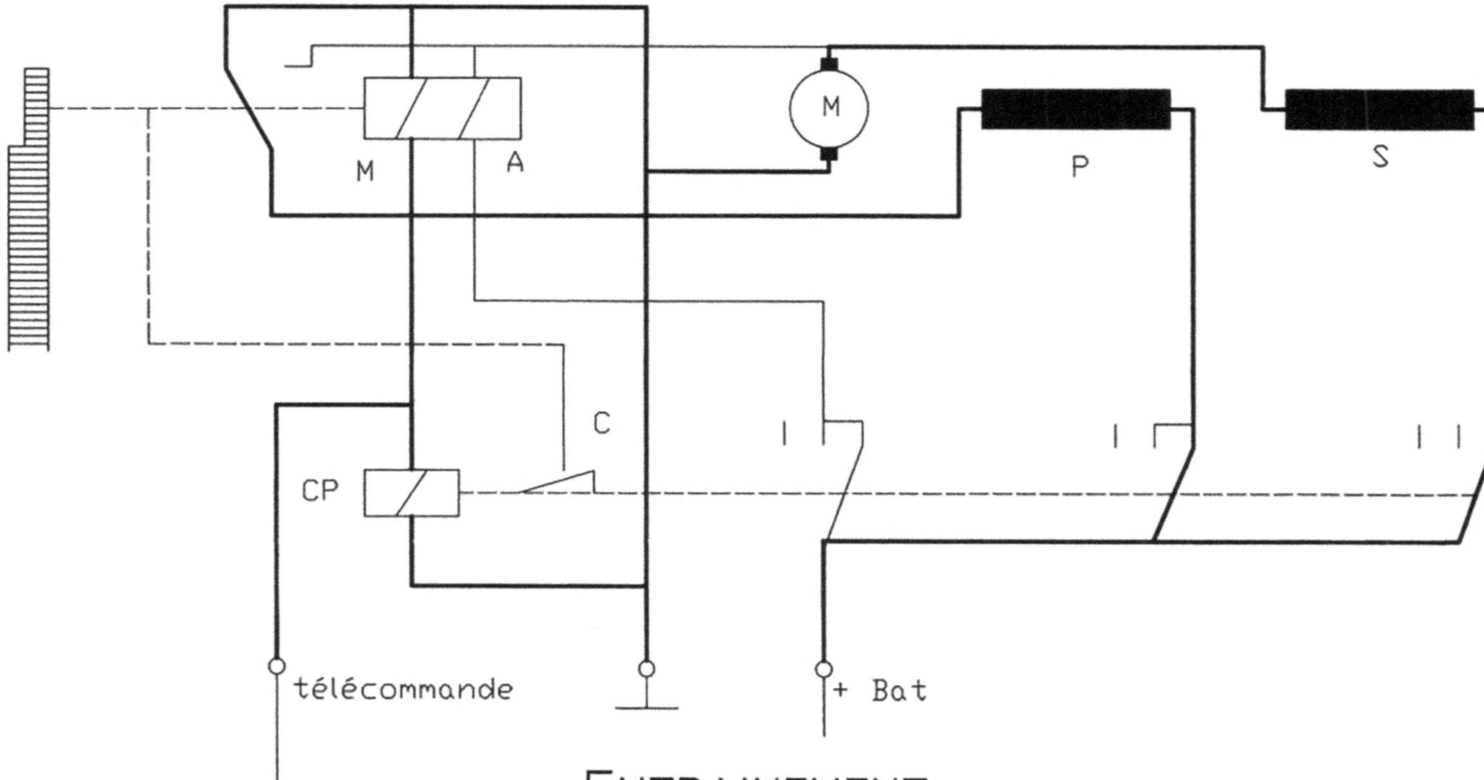


ENTRAINEMENT

## Ce qu'il ne faut pas faire sous risque d'électrocution.

Contrôle de l'isolement des inducteurs

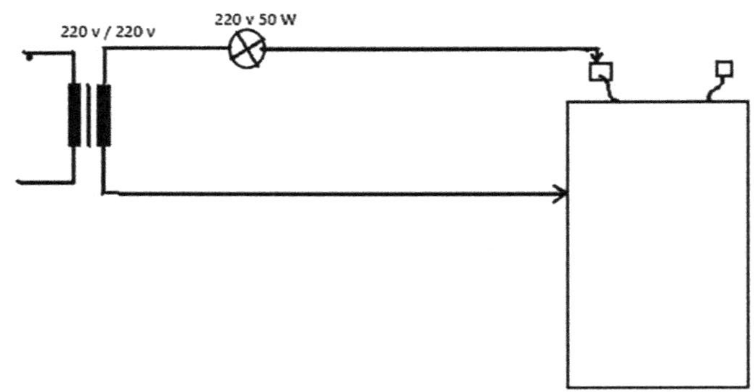


Contrôle de l'isolement de l'induit

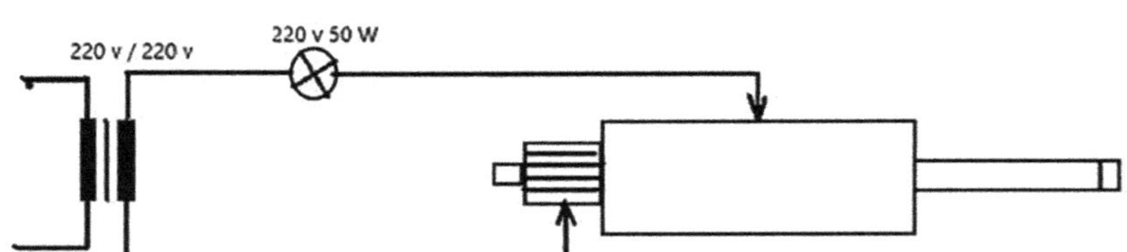

# autos / motos / moteurs

www.decoopman.com

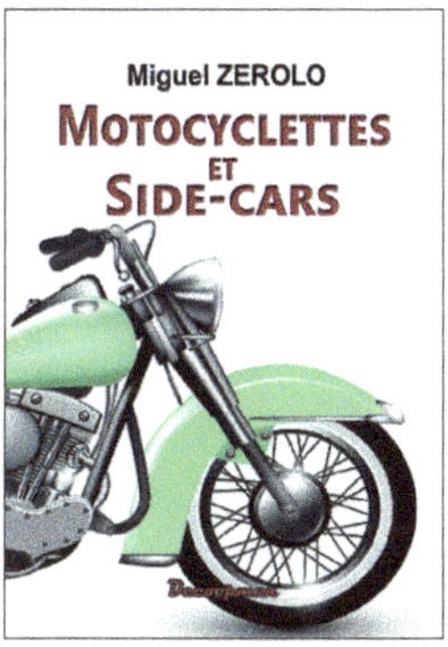

*Éditions Decoopman* - Ferrières - 30440 Saint-Laurent-le-Minier
Tel: +33 (0) 4.67.73.90.95 - web: www.decoopman.com - e.mail: livres@decoopman.com

Imprimé en France
Lightning Source - 78310 Maurepas